客厅设计广场

第2季

中式 客厅

客厅设计广场第2季编写组/编

机械工业出版社
CHINA MACHINE PRESS

客厅是家庭聚会、休闲的重要场所，是能充分体现居室主人个性的居室空间，也是访客停留时间较长、关注度较高的区域，因此，客厅装饰装修是现代家庭装饰装修的重中之重。

本系列图书分为现代、中式、欧式、混搭和简约五类，根据不同的装修风格对客厅整体设计进行了展示。本书精选了大量中式客厅装修经典案例，图片信息量大，这些案例均选自国内知名家装设计公司倾情推荐给业主的客厅设计方案，全方位呈现了这些项目独特的设计思想和设计要素，为客厅设计理念提供了全新的灵感。本书针对每个方案均标注出该设计所用的主要材料，使读者对装修主材的装饰效果有更直观的视觉感受。针对客厅装修中读者较为关心的问题，有针对性地配备了大量通俗易懂的实用小贴士。

图书在版编目（CIP）数据

客厅设计广场. 第2季. 中式客厅 / 客厅设计广场第2季编写组编. — 2版. — 北京：机械工业出版社，2016.6

ISBN 978-7-111-54036-6

Ⅰ．①客… Ⅱ．①客… Ⅲ．①客厅－室内装饰设计－图集 Ⅳ．①TU241-64

中国版本图书馆CIP数据核字(2016)第134194号

机械工业出版社（北京市百万庄大街22号　邮政编码 100037）
策划编辑：宋晓磊　　　　　　　责任编辑：宋晓磊
责任印制：李　洋　　　　　　　责任校对：白秀君
北京汇林印务有限公司印刷

2016年6月第2版第1次印刷
210mm×285mm · 7印张 · 201千字
标准书号：ISBN 978-7-111-54036-6
定价：39.00元

Contents
目录

如何设计中式风格电视墙

　　"中式风"一直是近年比较受欢迎的装修风格,那么在客厅装修中,如何打造中式风格的电视墙呢? 古典中式风格的电视墙,无需绚丽的色彩和豪华的灯具;它强调格调高雅,造型简朴优美,色彩浓重而成熟,蕴含着中国古代的韵味。中式风格电视墙的设计关键在于: 从颜色、材料、造型和布局着手设计,中式的家居装修讲究华丽而对称,实木造型显得古朴怀旧,古朴的装饰图案也别具特色。再加上中式装饰雕花、隔栅、屏风的点缀,白色或米黄色的墙面是中式装修墙面的主要色调,怀旧与情调的搭配、天然与淳朴是中式装修效果图的魅力之所在。

紧凑型

仿古砖

手工绣制地毯　　　　　　　　　　　　　　　胡桃木窗棂造型

胡桃木饰面板

黑胡桃木格栅

木纹大理石

红樱桃木窗棂造型

云纹大理石

木质踢脚线

红樱桃木饰面板

混纺地毯

印花壁纸

木纹大理石

石膏板窗棂浮雕造型

红樱桃木饰面板

仿木纹壁纸

红樱桃木窗棂造型

强化复合木地板

胡桃木窗棂造型

强化复合木地板

肌理壁纸

手绘墙饰

胡桃木窗棂造型贴茶镜

金属壁纸

仿古壁纸

有色乳胶漆

文化砖

胡桃木饰面板

仿古墙砖

白色乳胶漆　　　　　木纹大理石

如何装饰中式风格电视墙

    装饰中式风格电视墙可选用中式雕刻挂件,一种是具有艺术价值且年代久远的珍品,但是价格比较昂贵,一般用于收藏;另一种是经过改良或者模仿古代成品的挂件,在材料上也要使用老木头,属于"老木新作"(因为新木头会发酸,不适于雕刻),用在家居装饰中比较适合,价位也易于接受,样式大小可根据室内空间的要求随意改变。也可在简洁的电视墙上嵌上窗棂格及窗花,以增添东方的神秘意境,让满室的现代家具流露出古典的气息。在装饰时,需要注意的是尽可能保留一点窗花上面原有的金箔及褪色的漆,不要完全去漆,否则就会失去它原有的岁月痕迹。

红樱桃木饰面板

水曲柳饰面板

泰柚木窗棂造型

印花壁纸

浅米色网纹大理石

强化复合木地板

手绘墙饰

印花壁纸

手绘墙饰

强化复合木地板

米白色洞石

米色玻化砖

实木雕花隔断

肌理壁纸

米色大理石

米黄色洞石

有色乳胶漆

米色玻化砖

羊毛地毯

印花壁纸

木纹大理石

胡桃木饰面板

银镜装饰线

胡桃木饰面板

手绘墙饰

木纹玻化砖

黑胡桃木窗棂造型

艺术地毯

黑胡桃木饰面板

仿古壁纸

直纹斑马木饰面板

米黄色网纹大理石

胡桃木窗棂造型

中花白大理石

仿古砖

胡桃木格栅

胡桃木饰面板

胡桃木格栅

黑胡桃木窗棂造型贴银镜

布艺软包

印花壁纸

手绘墙饰

手绘墙饰

胡桃木饰面板

中式风格电视墙设计如何选材

　　可采用青砖应用于中式电视墙的装饰，这样能使客厅呈现出纯朴、自然、精致的古典美。电视墙选用纹理粗糙的文化石镶嵌，既可以吸声，又能够避免声响对其他居室的影响，而且能烘托出家电的金属精致感，形成强烈的质感对比。仿古砖的质地比较坚硬且密度大，表面的光泽透出温和、谦逊的气质，其深厚的文化底蕴可以显出主人智慧的一面。木质饰面板花色品种繁多，具有各种木材的自然纹理和色泽，价格经济实惠，选用饰面板作为背景墙的材料，容易与居室内其他木质材料相协调，可更好地搭配，形成统一的装修风格，清洁起来也非常方便。

混纺地毯

泰柚木饰面板

白枫木窗棂造型

白色乳胶漆

胡桃木格栅

混纺地毯

装饰壁布

胡桃木百叶

胡桃木窗棂造型隔断

胡桃木装饰线

中花白大理石

白枫木窗棂造型贴银镜

手绘墙饰

装饰壁布

白色乳胶漆

米色网纹玻化砖

云纹大理石

布艺软包

中花白大理石

雕花灰镜

印花壁纸

中花白大理石

胡桃木窗棂造型

胡桃木装饰线

印花壁纸

白枫木窗棂造型

混纺地毯

胡桃木格栅

木纹玻化砖

泰柚木饰面板

白枫木窗棂造型

印花壁纸

文化石

客厅电视墙的设计施工要考虑哪些因素

1.客厅宽度。眼睛距电视机的最佳距离应当是电视机尺寸的3.5倍。因此，不要把电视墙做得太厚太大，进而导致客厅显得狭小，影响电视的视觉效果。

2.沙发位置。在安装电视墙之前，客厅沙发位置的确定尤为重要。最好是在确定沙发位置后再确定电视机的摆放位置，此时可由电视机的大小确定电视墙的造型。

3.灯光的呼应。电视墙的造型一般与顶面的局部顶棚相呼应，顶棚上一般会有灯，所以要考虑墙面造型与灯光的协调，要注意避免强光照射电视机，以免观看节目时引起眼睛疲劳。

4.插座线路。如果是壁挂式电视机，墙面要预先留有位置（装预埋挂件或结实的基层）及足够的插座。因此，建议暗埋一根较粗的PVC管，DVD线、闭路线、VGA线等所有的线可以通过这根管穿到下方的电视柜里。

5.地砖的厚度。在对造型墙面进行施工的时候，应该把地砖的厚度、踢脚线的高度考虑进去，使各个造型相互协调。如果没有设计踢脚线，面板、石膏板的安装就应该在地砖施工后进行，以防受潮。

木纹玻化砖

木纹大理石

白枫木格栅

木纹玻化砖

装饰灰镜

胡桃木窗棂造型贴茶镜

白色人造大理石

艺术地毯

米黄色网纹大理石

红樱桃木饰面板

白色人造大理石

强化复合木地板

装饰壁布

中花白大理石 ————

混纺地毯 ————

水曲柳饰面板 ————

强化复合木地板 ————

胡桃木饰面板

混纺地毯

胡桃木饰面板

混纺地毯

手绘墙饰

仿古砖

有色乳胶漆

胡桃木饰面板

黑胡桃木装饰线

有色乳胶漆

直纹斑马木饰面板

浅米色网纹大理石

印花壁纸

胡桃木窗棂造型

实木浮雕

车边银镜

米色大理石

中花白大理石　　　仿古壁纸

仿古壁纸

仿古砖

黑胡桃木格栅

羊毛地毯

布艺软包

红樱桃木饰面板

青砖饰面

米色网纹玻化砖

胡桃木窗棂造型

红樱桃木饰面板

电视墙设计如何发挥材料的功能性

电视墙不仅要起装饰作用,而且要起到吸声降噪的作用。首先在选材上,不宜选择过硬、过重的材质。材质过重,安装不牢,会留下隐患,而且过硬的材质对声波的折射太强,容易产生共振和噪声。

其次,电视墙不应做得过于平整,应选择立体或有浮雕的材质,这样才能把回声和噪声降到最低,更完美地展现家庭影院的音质。可以尝试选用矿棉吸声板做电视吸声墙,将矿棉吸声板粘在平整的墙面或细木工板上,通过精心设计组合成一定的图案。也可用涂料将吸声板喷成自己喜爱的颜色,既具有装饰性,又有很强的实用性,也可以起到吸声降噪的作用。

胡桃木窗棂造型贴银镜

装饰壁布

白色乳胶漆   实木雕花贴茶镜

中花白大理石　　　　　　　　　　　　　仿木纹壁纸

仿古壁纸

手绘墙饰

石膏板拓缝

米黄色网纹大理石

仿古砖

胡桃木窗棂造型

手绘墙饰

砂岩浮雕

胡桃木窗棂造型

混纺地毯

石膏顶角线

手绘墙饰

米色大理石

羊毛地毯

手绘墙饰

胡桃木窗棂造型贴银镜

黑胡桃木雕花

木纹大理石

密度板拓缝

胡桃木窗棂造型

白色乳胶漆

黑胡桃木饰面板

泰柚木饰面板

布艺装饰硬包

白色玻化砖

米色抛光墙砖

实木地板

装饰壁布

什么是中式装修风格

中式装修风格是以宫廷建筑为代表的中国古典建筑的室内装饰设计艺术风格,气势恢弘、壮丽华贵,高空间、大进深,雕梁画栋、金碧辉煌,造型讲究对称,色彩讲究对比,装饰材料以木材为主,图案多龙、凤、龟、狮等,精雕细琢,瑰丽奇巧。

但中式风格的装修造价较高,且缺乏现代气息,只能在家居中点缀使用。中国传统的室内设计融合了庄重与优雅的双重气质。现在的中式装修风格更多地利用了后现代手法,将传统的结构形式通过重新设计组合以另一种具有民族特色的标志符号呈现出来。

舒 适 型

木纹大理石

黑胡桃木窗棂造型   装饰壁布

米色洞石

红樱桃木饰面板

红樱桃木窗棂造型　　　　　　　　　　木质踢脚线

木纹大理石　　　　　　　　　　　　　灰色洞石

雕花银镜

仿古壁纸

混纺地毯

胡桃木窗棂造型贴磨砂玻璃

米色玻化砖

布艺装饰硬包

羊毛地毯　　　　　　　　直纹斑马木饰面板

雕花灰镜　　　布艺装饰硬包

米色大理石　　　　　　　　装饰壁布

木质踢脚线

木纹大理石

印花壁纸

米白色网纹亚光玻化砖

胡桃木饰面板

强化复合木地板

肌理壁纸

白色乳胶漆

米黄色大理石

红樱桃木饰面板

混纺地毯

胡桃木格栅贴银镜

爵士白大理石

米白色洞石

胡桃木饰面板

云纹大理石

胡桃木窗棂造型贴茶镜

米黄色大理石

印花壁纸 装饰银镜

米色抛光墙砖

胡桃木窗棂造型隔断

仿古壁纸

车边银镜

中式装修风格有哪些特点

　　中式装修风格的特点是，在室内布置、线形、色调，以及家具、陈设的造型等方面，吸取传统装饰"形神兼具"的特征，以传统文化内涵为设计元素，革除传统家具的弊端，去掉多余的雕刻，糅合现代西式家居的舒适，根据不同户型的居室，采取不同的布置。中国传统居室非常讲究空间的层次感。这种传统的审美观念在中式装修风格中得到了全新的阐释：依据住宅使用人数的不同，做出分隔的功能性空间，采用"哑口"或简约化的"博古架"来间隔；在需要隔绝视线的地方，则使用中式的屏风或窗棂。通过这种新的分隔方式尽现中式家居的层次之美。

印花壁纸

米色大理石

混纺地毯　　　　　　　　　　　　　　　　　　米色大理石

红樱桃木饰面板

中花白大理石

装饰壁布

胡桃木窗棂造型隔断

混纺地毯

木纹大理石

胡桃木装饰立柱

实木地板

强化复合木地板

装饰壁布

混纺地毯

爵士白大理石

直纹斑马木饰面板　　　　　　　　　　　　　　　　　　　木纹大理石

印花壁纸　　　　　　　　　　　　　　　　　　　　　　　胡桃木饰面板

胡桃木窗棂造型贴银镜

米黄色亚光玻化砖

米色亚光墙砖

木质窗棂造型贴银镜

胡桃木装饰线 ————

米白色玻化砖 ————

红樱桃木窗棂造型 ————

直纹斑马木饰面板 ————

木纹大理石

印花壁纸

黑胡桃木饰面板

装饰壁布

米黄色网纹大理石

有色乳胶漆

中式风格客厅的设计要点有哪些

　　在中式装饰风格的客厅中,空间装饰多采用简洁、硬朗的直线条,有些家庭还会采用具有西方工业设计色彩的板式家具与中式风格的家具搭配使用。直线装饰在空间中的使用,不仅可以反映出现代人追求简单生活的居住要求,而且能够迎合中式家居追求的内敛、质朴的设计风格,使得中式风格更加实用,更具现代感。

　　在客厅的细节装饰方面,中式风格非常讲究,往往能在面积较小的住宅中,营造出移步换景的装饰效果。这种装饰手法借鉴了中国古典园林的建造手法,给空间带来了丰富的视觉效果。在饰品摆放方面,中式风格是比较自由的,装饰品可以是绿色植物、布艺、装饰画,也可以是不同样式的灯具等。这些装饰品可以有多种风格,但空间中的主体装饰物应是中国画、宫灯或紫砂陶等传统饰物。这些装饰物数量不必太多,但要在空间中起到画龙点睛的作用。

胡桃木饰面板

印花壁纸

装饰壁布　　　　　　　　　白枫木窗棂造型

红樱桃木饰面板

浅啡色网纹大理石

实木雕花贴银镜

木质踢脚线

云纹大理石

胡桃木窗棂造型贴茶镜

白桦木饰面板

米白色洞石

木纹玻化砖

胡桃木窗棂造型贴银镜

白色乳胶漆

红樱桃木窗棂造型贴银镜

强化复合木地板

胡桃木饰面板

木纹大理石

灰白色网纹玻化砖

胡桃木窗棂造型贴茶镜

茶色烤漆玻璃

印花壁纸

白色乳胶漆

木纹大理石

黑胡桃木饰面板

混纺地毯

米色网纹大理石

强化复合木地板

木纹大理石

车边银镜

手绘墙饰

木纹大理石

中花白大理石

木纹大理石

白色乳胶漆

大理石踢脚线

米黄色网纹大理石

直纹斑马木饰面板

胡桃木窗棂造型贴银镜

印花壁纸

文化石

混纺地毯

木纹大理石

泰柚木饰面板

中式客厅装饰的常用元素有哪些

1.花板:形状多样,有正方形、长方形、八角形、圆形等形状。雕刻图案的内容多姿多彩,饱含丰富多彩的寓意。中国的传统吉祥图案都能引用到花板上,如福禄寿禧、万事如意等。合理的几何拼图,线条优美,产生多种审美景观。例如,四块长方形组合在一起,形成一幅完整的图案,挂在客厅的沙发上方或电视墙上,更能点缀出一种古朴、典雅之韵。

2.屏风:屏风的制作多样,由档屏、实木雕花、拼图花板组合而成,还有黑色描金屏风,手工描绘花草、人物、吉祥图案等。色彩强烈,配搭分明。它可以根据需要自由摆放移动,与室内环境相互辉映。以往屏风主要起分隔空间的作用,而现在更强调屏风装饰性的一面,既需要营造出"隔而不离"的效果,又强调其本身的艺术效果。

3.圈椅与官帽椅:它们是明式家具的代表,造型合理,线条简洁,在整个中式风格装饰中起着重要作用,至今仍为现代人所喜爱。这些椅子全然抛开复杂烦琐的因素,明显体现出中式风格的装饰特点。官帽椅以两椅一几的形式摆设在客厅、书房等空间,淳朴、沉稳之气油然而生。

4.灯光与字画:电灯在古代是没有的,现代家居因有了更加理想、合理的灯光照射,赋予了那些古典元素以生命,让人倍感舒适,映射出一种温馨、浪漫的气氛。字画的挂设还能营造出书香世家的氛围。

灰白色洞石

木纹大理石

印花壁纸

胡桃木饰面板

胡桃木饰面板　　　　　　　　　　　　　　白色乳胶漆

印花壁纸

手绘墙饰

仿古砖

白色乳胶漆

胡桃木格栅

红樱桃木饰面板

砂岩浮雕

米色网纹大理石

木纹大理石

木纹亚光玻化砖

米色大理石

胡桃木窗棂造型

米色玻化砖

黑胡桃木窗棂造型

手绘墙饰

胡桃木窗棂造型贴银镜　　　　　　　　　　　　米色网纹大理石

中花白大理石　　　　　　　　　　　　　　　　装饰壁布

胡桃木饰面板　　　　　　　　　　　　　　　　米色玻化砖

混纺地毯　　　　　　　　　　　　　　　　　　　　　　　　米色大理石

胡桃木窗棂造型　　　　　　　　　　　　　　　　　　　　　仿古砖

胡桃木窗棂造型　　　　　　　　　　　　　　　　　　　　　木纹大理石

新中式风格的设计有哪些特点

新中式风格主要包括两方面的基本内容，一是中国传统风格的文化意义在当前时代背景下的演绎；二是在对中国当代文化充分理解基础上的当代设计。新中式风格不是单纯的元素堆砌，而是通过对传统文化的认知，将现代元素和传统元素有机结合在一起，以现代人的审美需求来打造富有传统韵味的事物，让传统艺术在当今社会得到适宜的体现。新中式设计将中式家具的原始功能进行演变，在形式基础上进行舒适度的变化。例如，原先的画案、书案，如今用作了餐桌；原先的双人榻，如今用作了三人沙发；原先的条案，如今用作了电视柜；原先典型的药柜，如今用作了存放小件衣物的柜子。这些变化都使传统家具的用途更具多样化和情趣性。

胡桃木装饰线

中花白大理石

白色乳胶漆　　　　　　白枫木窗棂造型

皮革软包

混纺地毯

米黄色洞石

印花壁纸

砂岩浮雕

装饰壁布

仿古壁纸　　　　　　　　　　　　　　皮纹砖

中花白大理石　　　　　青砖饰面

肌理壁纸　　　　　　　　　　　　　　　　　　　　　　　黑胡桃木装饰线

白枫木窗棂造型　　　　　　　　　　　手绘墙饰

木质窗棂造型混油

中花白大理石

仿古壁纸

雕花银镜

木纹大理石

米黄色网纹大理石

石膏顶角线

仿古砖

文化砖

肌理壁纸

胡桃木装饰线

米色网纹玻化砖

印花壁纸

混纺地毯

木质格栅贴银镜

红樱桃木装饰线

装饰壁布

白色玻化砖

混纺地毯

木纹大理石

米白色洞石   胡桃木饰面板

手绘墙饰

胡桃木窗棂造型隔断

木纹大理石

装饰壁布

米黄色网纹大理石

实木雕花隔断

新中式客厅如何装饰

1.装饰画:中国画技法分为工笔与写意,中国书法分为行书、草书、楷书、篆书等,总之,中国字画有其独特的艺术韵味。有的家庭将其客厅的整面墙用中国书法装饰,气势恢宏、古朴典雅,成为整个客厅的焦点。

2.皮雕、剪纸与服饰画:皮雕与剪纸是具有民间艺术风格的装饰品,将它用镜框装裱起来,置于家中,极富艺术趣味。服饰画则通过一些古代服饰装饰室内,平添了几分古雅之趣。皮雕、剪纸、服饰画,它们有小巧精致之感,往往可将几个镜框并列或错位装饰于客厅的墙面。

3.盆景、绿色植物:用假山和流水盆景表现出园林艺术气息,在客厅摆放一个盆景,一进家门就能感受到清雅的气氛,它还能起到减少噪声、调节湿度等环保作用。而花卉中的梅、兰、竹、菊则是最具中国特色的代表性植物。

胡桃木窗棂造型

陶瓷锦砖

米色大理石

直纹斑马木饰面板

米黄色洞石

石膏顶角线

强化复合木地板

木纹大理石

手绘墙饰

米白色洞石

胡桃木格栅

艺术地毯

红松木板吊顶

木质踢脚线

云纹大理石

红樱桃木装饰线   中花白大理石

装饰灰镜

胡桃木窗棂造型贴茶镜

印花壁纸

米色玻化砖

胡桃木窗棂造型

仿古砖

白枫木装饰线贴灰镜

黑胡桃木饰面板

强化复合木地板

胡桃木格栅吊顶

车边银镜

砂岩浮雕

红樱桃木窗棂造型

胡桃木饰面板

陶瓷锦砖

奢华型

中式客厅的色彩如何设计

中式客厅的空间配色，除了黑白色外，不得超过三种。中式装修三种颜色是指在同一个相对封闭的空间内，包括顶棚、墙面、地面和家具的颜色。顶棚和地面都不要使用黄色系之外的暖色调，中式家具如果选择暖色调，如红色或者黄色、橙色等，墙面、地面和顶棚则应该采用白色或者浅灰色。其中，以蓝色系与橘色系为主的色彩搭配，可以表现出现代与传统、古与今的交汇，碰撞出兼具超现实与复古风味的视觉感受。虽然这两种色系原本属于强烈的对比色系，但只要在双方的色度上做些合理的调整，这两种色彩就能给予空间一种新的生命力。

中式客厅的配色，在比较年轻人士的居住空间，适合使用鹅黄色搭配紫蓝色或嫩绿色。鹅黄色是一种清新、鲜嫩的颜色，代表的是新生命的喜悦。绿色是让人内心感觉平静的色调，可以中和黄颜色的轻快感，让空间稳重下来。中式装修四季皆宜的黑白装饰褪去了缤纷色彩，将简约化身为一种低调的奢华，平静但不失深刻，让家居历久弥新。

皮革装饰硬包

镜面锦砖

米黄色网纹大理石　　　　青砖饰面

手绘墙饰

印花壁纸

红松木板吊顶

胡桃木窗棂造型

米黄色大理石

仿木纹壁纸

浅啡色网纹大理石

印花壁纸

车边银镜

仿古壁纸

米色抛光墙砖

混纺地毯

装饰壁布　　　　　装饰灰镜

白枫木窗棂造型贴灰镜

米色洞石

米色网纹大理石

印花壁纸

木纹大理石

木纹大理石

黑色烤漆玻璃

装饰壁布

胡桃木窗棂造型

印花壁纸

黑胡桃木格栅吊顶

布艺软包

木质踢脚线

艺术地毯

车边银镜

红樱桃木饰面板

米黄色亚光玻化砖

砂岩浮雕

泰柚木饰面板

黑胡桃木窗棂造型

深啡色网纹大理石波打线

深啡色网纹大理石

中花白大理石

白枫木饰面板

密度板雕花贴清玻璃

米色洞石

仿木纹壁纸

中式顶棚如何设计

　　中式顶棚的设计主要分天花板和藻井两种方式。天花板以木条相交成方格形，上覆木板，然后再施以彩画；藻井则以木块叠成，结构复杂，色彩绚烂，多用极为精致的雕花组成，是我国古代建筑中重点的室内装饰。雕花装饰或力求华丽，镶嵌金、银、玉、象牙、珐琅、百宝等珍贵材料，或用小面积的浮雕、线刻、嵌木、嵌石等手法，题材取自名人画稿，以山水、花鸟、松、竹、梅多见，并采用方花纹、灵芝纹、鱼草纹及缠枝莲等图案，富含长寿、多子、财富等吉祥内涵。

装饰茶镜

黑胡桃木窗棂造型

立体艺术墙贴

混纺地毯

装饰壁布

胡桃木窗棂造型

米黄色洞石

红樱桃木饰面板

米色网纹大理石

文化石

米黄色洞石

雕花银镜

米色大理石

混纺地毯

白松木板吊顶

木纹大理石

布艺装饰硬包

米黄色网纹大理石

仿木纹壁纸

仿古砖

装饰壁布

黑金花大理石波打线

装饰壁布　　　　　　　　　　　　　　　　　　　　强化复合木地板

装饰灰镜

手绘墙饰

米白色玻化砖

灰白色洞石

印花壁纸

黑胡桃木饰面板

混纺地毯

黑胡桃木装饰线

米白色抛光墙砖

灰白色洞石

古典中式装修过程中不能滥用点缀

　　在进行古典中式装修的时候要避免过多地使用一些雕梁画栋，这样只会起到相反的效果，无法突出重点，反而失去了美感。现在很多中式装修的室内都会有一种金碧辉煌的感觉，这种情况下一定要注意适可而止，适当的装修可以让房间增色，而过多的装饰则会起到一种俗气的感觉。所以在进行古典中式装修的时候要避免过多地使用点缀，适可而止的点缀才能给人以简单大方的感觉。

胡桃木窗棂造型吊顶

青砖

灰白色网纹玻化砖

云纹大理石　　　　　　　　　　　　　　胡桃木格栅吊顶

木纹大理石

肌理壁纸

米色抛光墙砖

雕花烤漆玻璃

木质装饰线

红樱桃木饰面板

胡桃木装饰线密排

米色抛光墙砖

胡桃木窗棂造型

红樱桃木饰面板

云纹大理石

胡桃木窗棂造型

混纺地毯　　　　　　　　　　　　　　　胡桃木装饰线

灰白色洞石

胡桃木饰面板

胡桃木装饰线

陶瓷锦砖

木纹大理石　　　　　实木雕花贴银镜

肌理壁纸

白色亚光玻化砖

木纹大理石

艺术墙砖

木纹大理石

砂岩浮雕

黑胡桃木窗棂造型

米色网纹玻化砖

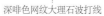

深啡色网纹大理石波打线

红樱桃木饰面板

彩绘玻璃

陶瓷锦砖

胡桃木窗棂造型贴茶镜

车边茶镜

装饰壁布

中花白大理石

米色洞石

胡桃木装饰线

手绘墙饰

青砖饰面

木纹大理石

胡桃木饰面板

古典中式装修中色彩的搭配

　　室内的整体装修色彩和家装饰品的颜色要搭配恰当，一般在古典中式设计的过程中，深色的使用是比较广泛的，有时候还会用一些色彩对比比较强烈的颜色来进行搭配。在家装色彩的搭配上一定要注意温和舒适。古典中式风格的家具选择一定要同样具有古典色彩，如果是采用现代气息非常浓的家具，反而会给人们一种不伦不类的感觉。

胡桃木格栅

米黄色网纹玻化砖

胡桃木窗棂造型贴茶镜

装饰茶镜

黑胡桃木格栅

仿木纹壁纸

黑胡桃木饰面板

肌理壁纸

米黄色玻化砖

中花白大理石

云纹大理石

米色洞石

装饰壁布

胡桃木窗棂造型

中花白大理石

磨砂玻璃

木纹玻化砖　　　　黑胡桃木饰面板

胡桃木饰面板

米黄色洞石

印花壁纸　　　　　　　　　　　　　中花白大理石

印花壁纸

白色玻化砖

石膏浮雕吊顶 ⋯⋯⋯⋯⋯⋯

灰白色网纹大理石 ⋯⋯⋯⋯

茶镜装饰线 ⋯⋯⋯⋯

混纺地毯 ⋯⋯⋯⋯

胡桃木装饰线

有色乳胶漆

黑胡桃木饰面板

仿木纹壁纸

艺术地毯

强化复合木地板

给中式客厅设计一个灵动空间

在设计中式客厅时,可以开辟出一个聆听自然的空间。回归自然,返璞归真是很多家庭在装修时的共识。鲜活的植物给人一种春意盎然、生命活灵活现的感觉,也能起到净化空气的作用,对家庭成员的健康也是有利的。一年四季,我们可以将这个自然空间打造出另一个世外桃源,春夏秋冬,不同的季节,可以摆放不同的植物,犹如江南民居的四色窗,透过这扇窗户,我们可以零距离感受到一年四季的微妙变化。

红樱桃木饰面板

胡桃木窗棂造型

白色玻化砖

浅啡色网纹大理石

布艺装饰硬包

中花白大理石

灰白色洞石

白枫木窗棂造型

米白色洞石

黑胡桃木窗棂造型贴磨砂玻璃

肌理壁纸

混纺地毯

黑色烤漆玻璃

木纹大理石

胡桃木窗棂造型贴茶镜

米黄色洞石

米色亚光玻化砖

木纹玻化砖

云纹大理石

白色玻化砖

车边茶镜

直纹斑马木饰面板